BEI GRIN MACHT SICH IHR WISSEN BEZAHLT

Norbert Jost

Die Festigkeit von Werkstoffen

GRIN Verlag

Bibliografische Information der Deutschen Nationalbibliothek:

Die Deutsche Bibliothek verzeichnet diese Publikation in der Deutschen National-
bibliografie; detaillierte bibliografische Daten sind im Internet über http://dnb.d-
nb.de/ abrufbar.

Impressum:

Copyright © 2003 GRIN Verlag GmbH
Druck und Bindung: Books on Demand GmbH, Norderstedt Germany
ISBN: 978-3-638-78744-4

Dieses Buch bei GRIN:

http://www.grin.com/de/e-book/11884/die-festigkeit-von-werkstoffen

GRIN - Your knowledge has value

Der GRIN Verlag publiziert seit 1998 wissenschaftliche Arbeiten von Studenten, Hochschullehrern und anderen Akademikern als eBook und gedrucktes Buch. Die Verlagswebsite www.grin.com ist die ideale Plattform zur Veröffentlichung von Hausarbeiten, Abschlussarbeiten, wissenschaftlichen Aufsätzen, Dissertationen und Fachbüchern.

Norbert Jost

Die Festigkeit von Werkstoffen

Prof. Dr.-Ing. Norbert Jost ist seit 1996 Professor für Werkstoffkunde und Festigkeitslehre an der Hochschule Pforzheim.

Von 1984 bis 1991 war er als wissenschaftlicher Mitarbeiter und Oberingenieur am Institut für Werkstoffe der Ruhr-Universität Bochum tätig. Danach war er Abteilungsleiter bei der DEKRA AG, Stuttgart sowie stellv. Geschäftsführer der DEKRA-ETS, Saarbrücken und Leiter der dortigen Materialprüfanstalt. Neben der Tätigkeit als Professor an der Hochschule ist er Mitglied im DIN-Arbeitsausschuss "Implantatwerkstoffe".

Er ist Autor von bisher ca. 100 Fachpublikationen. Seine Arbeitsschwerpunkte sind Legierungen mit Formgedächtnis sowie metallische Hochleistungswerkstoffe.

Inhaltsverzeichnis

Zusammenfassung

Festigkeit wird ganz allgemein definiert als der Widerstand eines festen Stoffes gegen plastische Verformung und den Widerstand gegen die Ausbreitung von Rissen. Ein Maß für den Widerstand gegen plastische Verformung stellen die elastischen Konstanten dar. Diese können aus der Krümmung der Bindungs-energiekurve abgeleitet werden. Die vier Bindungsarten unterscheiden sich aufgrund der Bindungskräfte und damit auch der Bindungsenergien. Damit ist ebenfalls ein entsprechender Einfluss auf die Festigkeit von Werkstoffen gege-ben. Um in modernen Werkstoffen hohe und höchste Festigkeiten zu erreichen, wird das Gefüge der Werkstoffe durch spezielle Behandlungen gezielt verän-dert. Das Ziel ist hierbei die Erzeugung von Hindernissen für die bei einer plas-tischen Verformung stattfindende Versetzungsbewegung (Härtungsmechanis-men). Für einen hochfesten Werkstoff müssen diese Hindernisse in möglichst feiner Dispersion und großer Menge enthalten sein. Durch eine sinnvolle Kom-bination der Härtungsmechanismen kann eine weitere Optimierung der mecha-nischen Eigenschaften eines Werkstoffes erreicht werden.

1 Globale Definition der Festigkeit

Der Begriff „Festigkeit" hat insbesondere für werkstoffkundliche Zusammenhänge auf den ersten Blick sehr vielfältige Bedeutungen. So gibt es beispielsweise die verschiedensten mechanischen Festigkeiten, wie Zugfestigkeit, Dauerfestigkeit und Zeitstandfestigkeit oder Festigkeitsbegriffe wie Korrossionsfestigkeit, Verschleißfestigkeit und Hochtemperaturfestigkeit. Diese Vielfalt lässt zunächst vermuten, dass eine einheitliche Beschreibung oder Definition der Festigkeit von Werkstoffen nur sehr schwer bzw. höchst eingeschränkt möglich ist. Die werkstoffkundliche Praxis hat jedoch eine sehr gute und vor allem für alle möglichen Ansätze passende Definition entwickelt. So wird die Festigkeit (werkstoffkundlich) in allgemeinster Form durch die folgenden drei „Widerstände", die der Werkstoff gegen eine aufgebrachte Beanspruchung aufzubringen vermag, definiert (**Bild 1**):

- Widerstand gegen plastische Verformung
- Widerstand gegen die Ausbreitung von Rissen
- Widerstand gegen Verschleiß

Bild 1

Definition der Festigkeit

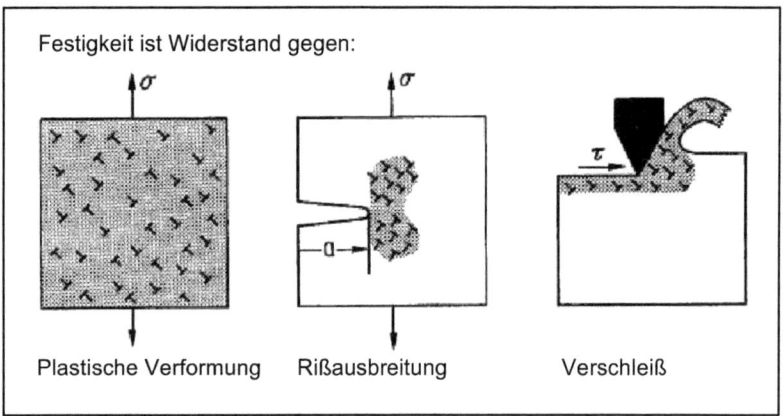

Festigkeit ist Widerstand gegen:

Plastische Verformung   Rißausbreitung   Verschleiß

Dies sind technische Forderungen, die nur durch verschiedene, sich zum Teil widersprechende physikalische Eigenschaften zu erfüllen sind. Erst wenn alle Forderungen *gemeinsam* erfüllt sind zeigt der Werkstoff „Festigkeit".

Der Sinn einer solchen Festlegung wird klar, wenn man überlegt, dass in einem spröden, keramischen Werkstoff zwar der Widerstand gegen plastische Verformung sehr hoch ist, sich aber Risse, gerade weil keine plastische Verformung an der Rissspitze möglich ist, leicht ausbreiten können. Entsprechend ist in einem Werkstoff wie z.B. reinem Kupfer oder reinem Eisen der Widerstand gegen die Ausbreitung von Rissen sehr hoch, doch zeigt dieser Werkstoff kaum einen Widerstand gegen plastische Verformung oder auch Verschleiß. Er hat eine viel zu niedrige Streckgrenze um i.d.R. als Konstruktionswerkstoff nützlich zu sein.

Man sieht also, dass es sich bei dem Begriff der Festigkeit nicht um eine einheitliche Kenngröße, sondern vielmehr um einen Sammelbegriff, der eine ganze Reihe von (mechanischen) Eigenschaften einschließt, handelt. Es hängt dabei von der Art des Werkstoffes, als auch von der Art der Beanspruchung und der Umgebung ab, welche Eigenschaft für die Kennzeichnung der Festigkeit von vorherrschender Bedeutung ist.

2   Einfluss der Bindungsart und der Bindungsenergie auf die Festigkeit

Die Definition der drei Werkstoffgruppen (Metalle, Keramiken, Polymere) basiert auf der Natur der Bindung der beteiligten Atome und der Werkstoffgefüge. Die Bindungskräfte, durch welche Atome oder Moleküle zueinander gezogen werden, sind Anziehungskräfte zwischen entgegengesetzten Ladungen. Die Bindungskraft ist umso stärker, je kleiner der Atomabstand r und je größer die Zahl der an der Bindung beteiligten Elektronen n ist. **Bild 2a** zeigt die Abhängigkeit der Bindungskraft vom Kernabstand.

Bild 2

Abhängigkeit der Bindungskraft vom Kernabstand

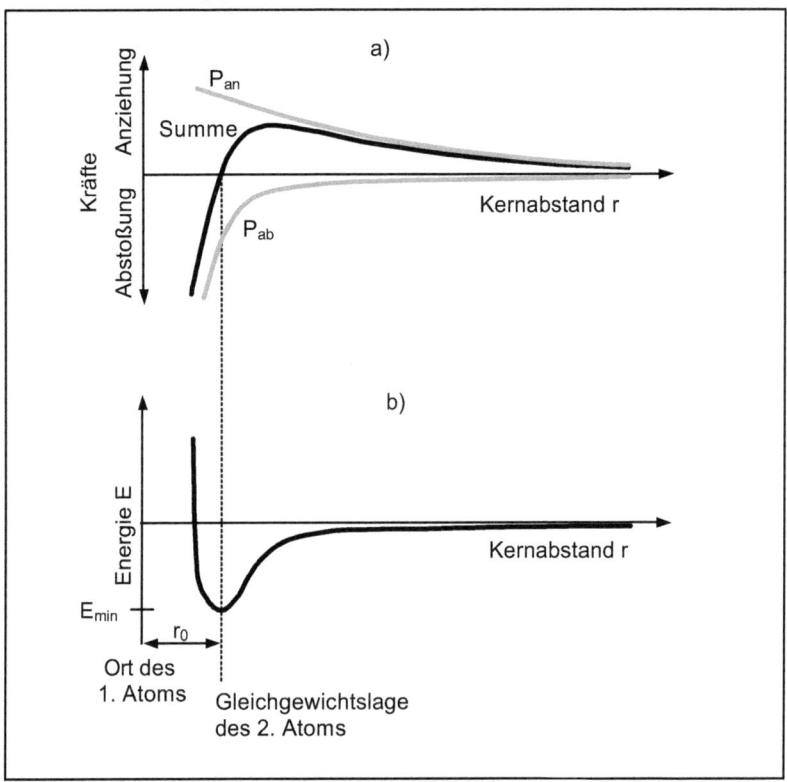

Zwei Atome, die sich im Abstand r voneinander befinden, üben aufeinander anziehende und abstoßende Kräfte aus. Diese sind sehr schwach, wenn die Atome weit voneinander entfernt und sehr stark, wenn sie nahe beieinander sind. Aus der Summationskurve der beiden Teilkräfte lässt sich die Bindungsenergiekurve als Produkt von Kraft und Abstand berechnen. An der Stelle, wo die anziehende Kraft gleich der abstoßenden Kraft ist, durchläuft die Energie ein Minimum. Minimum heißt hier, dass sich die Atome im Gleichgewichtsabstand befinden. Wenn Atome einander angenähert oder voneinander wegbewegt werden sollen, ist also Energie aufzubringen. Es muss dabei umso mehr Energie aufgewendet werden, je größer die jeweilige Bindungsenergie ist (z.B. zum Verformen oder zum Schmelzen eines Werkstoffes) **(Bild 2b)**. Aus solch einer Bindungsenergiekurve (genauer: aus ihrer Krümmung) lassen sich auf einfachem Wege die elastischen Konstanten von Werkstoffen, wie z.B. der Elastizitätsmodul (E-Modul), ableiten. Diese stellen wiederum ein Maß für den Widerstand gegen die plastische Verformung des jeweiligen Werkstoffes dar. So ist ein Werkstoff um so „steifer", je höher sein E-Modul ist.

Es gibt im Wesentlichen vier Bindungsarten, die sich aufgrund der Bindungskräfte und damit auch der Bindungsenergien unterscheiden:

- Atombindung, (auch kovalente Bindung genannt)
- Ionenbindung
- Metallbindung
- Nebenvalenz- oder auch van der Waal'sche Bindung

Die drei erstgenannten Bindungsarten, deren Bindungskräfte relativ stark sind, nennt man Hauptvalenzbindungen. Den schwächsten Bindungstyp stellt die Nebenvalenzbindung dar. Durch sie werden z.B. organische Makromoleküle sowie Edelgasatome und Gasmoleküle zu Festkörpern verknüpft. Letztere sind nur bei sehr niedrigen Temperaturen beständig, wie z.B. CO_2 als Trockeneis bei 195 K (Kelvin).

In der Mehrzahl der Stoffe findet sich nicht nur eine einzige Bindungsart, sondern es wirken mehrere Anteile verschiedener Bindungstypen. Es liegt also eine Mischbindung vor. Die drei wichtigen Werkstoffgruppen lassen sich folgendermaßen einordnen:

- Metallatome sind metallisch gebunden.
- Keramische Stoffe einschließlich anorganischer Gläser sind kovalent mit Anteilen der Ionenbindung gebunden.
- Bei den Polymerwerkstoffen besteht in Kettenrichtung eine kovalente Bindung und eine van der Waal'sche Bindung zwischen den Ketten.

Diese Arten der Bindung und der damit einhergehenden unterschiedlichen Bin-

dungsenergien sind u.a. die Ursache für die hohen Festigkeiten von keramischen Werkstoffen oder auch den vergleichsweise niedrigen Festigkeiten der
Polymere.

3   Die Härtungsmechanismen

Die primäre Rolle bei der Erzeugung hoher Festigkeiten spielen die so genannten Härtungsmechanismen. Diese sind zunächst nichts anderes als Fehler im
regelmäßigen Kristallaufbau der Werkstoffe. Solche Fehler können in einfachen
Fällen beispielsweise fehlende Atome (Leerstellen) oder auch Fremdatome sein
(**Bild 3**). Aber auch Korngrenzen, dies sind die Grenzflächen zwischen zwei
angrenzenden Kristallen (Körnern) mit mehr oder weniger unterschiedlicher
Kristallorientierung, zählen zu den Gitterfehlern. Darüber hinaus stellen Versetzungen und eingelagerte Teilchen noch etwas kompliziertere Fehlerarten dar.
Letztere sind eigene Verbünde von einlegierten (Fremd)-Atomen, die bei geeigneten Legierungen durch besondere thermische oder thermo-mechanische Behandlungen erzeugt werden können.

Bild 3

Fehler im Kristallaufbau der Werkstoffe

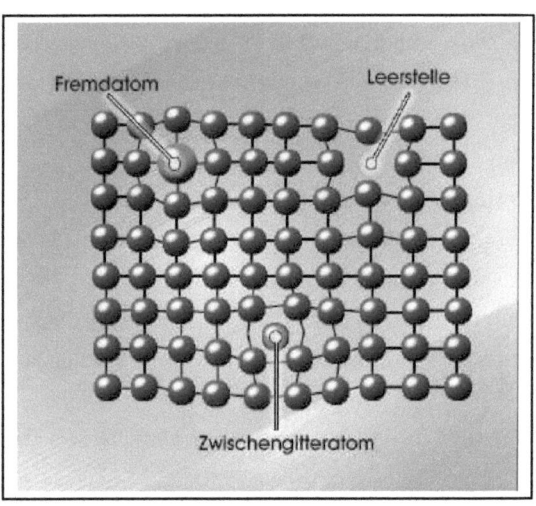

Alle diese genannten Baufehler können systematisch und sehr einfach nach ihrer geometrischen Dimension eingeteilt werden (vgl. **Tab. 1**). **Bild 4** zeigt die 1- bis 3-dimensionalen Härtungsmechanismen in schematischen Skizzen.

Tabelle 1

Einteilung der Baufehler im Kristallgefüge

Allg. Kennzeichnung	Festigkeits-steigerung	Beispiele	Technische Anwendungen
0-dim., Punktfehler	$\Delta\sigma \sim c^{1/2}$	Leerstellen gelöste Atome	Mischkristallhärtung
1-dim., Linienfehler	$\Delta\sigma \sim \rho^{1/2}$	Versetzungen	Kaltverfestigung
2-dim., Flächenfehler	$\Delta\sigma \sim D^{-1/2}$	Korngrenzen Phasengrenzen	Feinkornhärten (nanokristalline Werkstoffe)
3-dim., Volumenfehler	$\Delta\sigma \sim \dfrac{N_V^{\frac{1}{3}}}{D_T}$	Ausscheidungsteilchen	Ausscheidungshärten
Kristallanisotropie	mathematisch als einzelner Mechanismus schwer bis kaum beschreibbar (Ausnahme: Faserverbunde)	Einkristalle Textur	Einkristalline Turbinenschaufeln Kalt- / Warmverformung
Gefügeanisotropie	mathematisch als einzelner Mechanismus schwer bis kaum beschreibbar (Ausnahme: Faserverbunde)	Faserverbund gerichtete Korngefüge	Verbundwerkstoffe Stahl- / Spannbeton gerichtet erstarrte Hochtemperaturlegierung

Hierbei sind:

  c = Anteil an Leerstellen oder zulegierten Fremdatomen

  ρ = Versetzungsdichte

  D = mittlerer Korndurchmesser

  N_v = Volumenanteil an Ausscheidungsteilchen

  D_T = mittlerer Teilchendurchmesser

Bild 4

Schematische Darstellung der Härtungsmechanismen

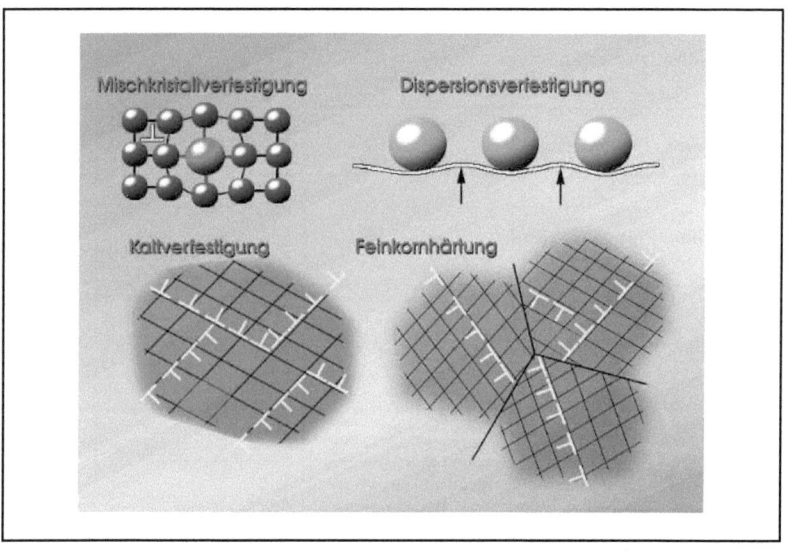

Wie aus der Tab. 1 zu entnehmen ist, hat es sich aus der Werkstofftheorie heraus als notwendig erwiesen, zwei Arten der Anisotropie zusätzlich als Gefügeelemente zu definieren: Zum einen ist dies die aus der Kristallanisotropie und Textur folgende Anisotropie und zum anderen die Ausrichtung bestimmter Gefügeelemente wie Korngrenzen oder Teilchen, die als Gefügeanisotropie bezeichnet wird. Eine weitere Besonderheit stellt die martensitische Umwandlung dar, die einhergeht mit einer hohen anomalen Verfestigung durch eine innere plastische Verformung des Werkstoffes.

Wie wirken nun die Härtungsmechanismen auf die Festigkeit ein? Hierzu muss man sich zunächst klar machen, was bei einer plastischen Verformung eines Werkstoffes im Gefüge vor sich geht. Wird ein Werkstoff über seine Elastizitätsgrenze hinaus verformt, gleiten die mit Atomen dichtest gepackten Gitterebenen aufeinander ab und es bilden sich Versetzungen. Je größer die plastische Verformung ist, umso mehr Versetzungen werden gebildet. Damit die Verformung immer weitergehen kann, ist es notwendig, dass sich die Versetzungen im Gefüge bewegen können. Werden sie daran gehindert, ist dies ein *Widerstand* gegen die plastische Verformung (siehe auch Bild 1). Eine solche Behinderung kann beispielsweise eine „im Weg liegende" Korngrenze sein. Eine ähnliche Wirkung haben die Gitterverzerrungen um Leerstellen oder Fremdatome usw.

Neben der Menge der Hindernisse ist auch deren Abstand zueinander von ganz wesentlicher, die Festigkeit beeinflussende Bedeutung. Je enger die Hindernisse im Gefüge vorliegen, umso schneller werden die Versetzungen darauf treffen. Auch die Härte der Hindernisse ist in diesem Zusammenhang überaus wichtig. Je härter sie sind, umso effektiveren Widerstand können sie der Versetzungsbewegung entgegensetzen. Treffen Versetzungen auf Hindernisse, können sie sich also nicht weiterbewegen. Von „hinten" kommen aber durch die zunächst weiterlaufende plastische Verformung immer neue Versetzungen, so dass sich diese im Verlauf an den Hindernissen regelrecht aufstauen.

Die festigkeitssteigernden Wirkungen können für die einzelnen Härtungsmechanismen grafisch quantitativ dargestellt werden. Dies zeigt für den Grundwerkstoff (ansonsten unbehandeltes) Eisen **Bild 5**.

Es steht also eine große Zahl von Hindernissen zur Verfügung, die durch die richtige Werkstoffbehandlung möglichst gleichmäßig im Grundgitter verteilt werden müssen. Aus den vorgestellten Zusammenhängen folgt der Weg zu hoher Festigkeit:

- Der Abstand der Hindernisse muss so klein wie möglich gewählt werden.
- Die Hindernisse müssen so hart wie möglich gemacht werden.

Bild 5

Festigkeitssteigernde Wirkungen für die
0- bis 3-dimensionalen Härtungsmechanismen´

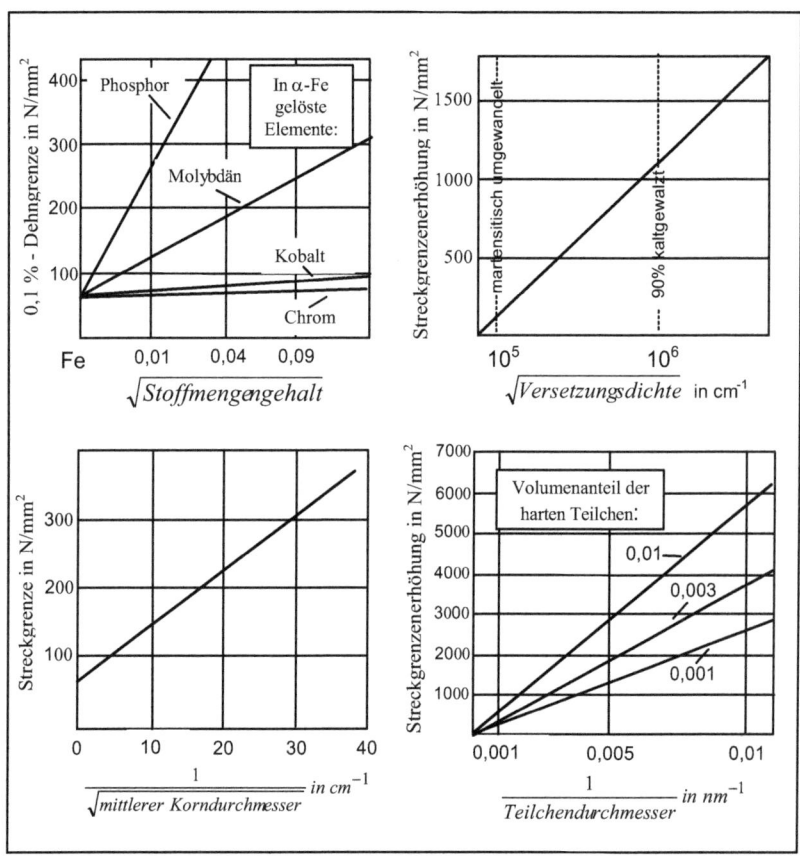

4 Möglichkeiten zur Festigkeitsoptimierung

Die Festigkeit hängt lediglich davon ab, welche Spannungen notwendig sind,
Versetzungen zu erzeugen und diese weiter zu bewegen. Um hohe Festigkeit
zu erzielen, ist eine starke Behinderung der Versetzungsbewegung notwendig,

so dass sie nur unter sehr hoher äußerer Spannung möglich ist. Das Gefüge sollte also wirksame Hindernisse der Versetzungsbewegung in sehr feiner Dispersion enthalten.

Bild 6a zeigt in einer transmissionselektronenmikroskopischen Aufnahme homogen verteilte Versetzungen, wie sie bereits recht früh bei der plastischen Verformung von metallischen Werkstoffen entstehen. In **Bild 6b** ist dann sehr schön ein Aufstau von Versetzungen an einem Hindernis zu erkennen. Hier ist die Versetzungsbewegung konzentriert auf die (dichtest gepackten) Gleitebenen.

Bild 6

Versetzungen im Werkstoffgefüge

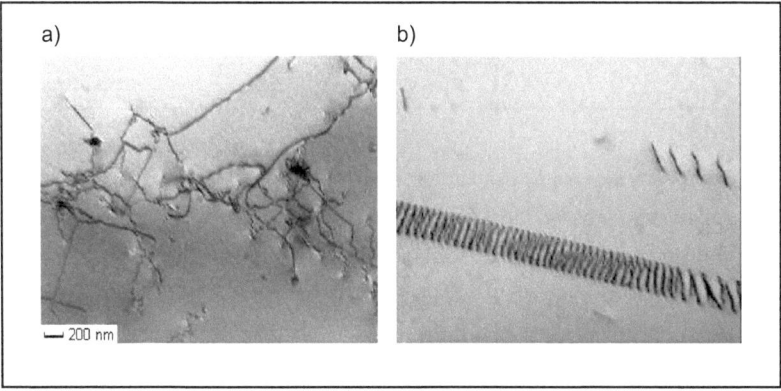

a)

b)

— 200 nm

Eine sehr effektive Festigkeitssteigerung wird durch die Einlagerung von Teilchen, die bei geeigneten Legierungen i.d.R. durch spezielle thermische und/oder thermo-mechanische Behandlungen ausgeschieden werden, möglich. Voraussetzung ist dabei jedoch, dass die Teilchen so hart sind, dass sie von den ankommenden Versetzungen nicht „geschnitten" werden können. In einem solchen Fall müssen sich die Versetzungslinien durchbiegen, wie dies schematisch in **Bild 7** gezeigt wird.

Bild 7

Durchbiegung von Versetzungslinien an Hindernissen
(hier: Ausscheidungsteilchen)

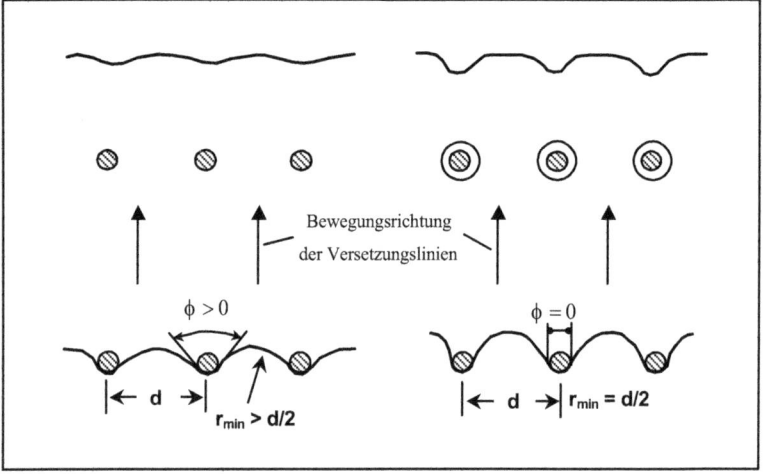

Die realen Streckgrenzen metallischer Werkstoffe werden jedoch durch die einzelnen elementaren Härtungsmechanismen nur teilweise erfasst. In der Regel, und bei allen Konstruktionswerkstoffen mit höherer Festigkeit immer, ist nicht ein einzelner, sondern sind mindestens zwei, oft sogar mehrere Härtungsmechanismen gleichzeitig wirksam. Der Werkstoff besitzt also ein Gefüge, in dem mehrere Gefügeelemente als Hindernisarten kombiniert sind. **Tabelle 2** zeigt mögliche Kombinationen zweier Grundmechanismen, beschränkt auf die kombinierte Anwendung der 0- bis 3-dimensionalen Hindernisarten.

Tabelle 2

Kombinationsmöglichkeiten von Härtungsmechanismen

1. Grundmechanismus	2. Grundmechanismus			
	T	K	V	M
Mischkristallverfestigung, M	MT	MK	MV	MM
Verfestigung durch Versetzungen, V	VT	VK	VV	--
Verfestigung durch Korngrenzen, K	KT	KK	--	--
Teilchenverfestigung, T	TT	--	--	--

Ohne weitere Ableitung zeigt die folgende allgemeine Gleichung für die Streckgrenze eines metallischen Werkstoffes, wie die einzelnen Beiträge der Härtungsmechanismen zu einer Gesamtfestigkeit beitragen. Ausgehend von einer Grundfestigkeit σ_0 können die Einzelbeiträge aufaddiert werden:

$$\sigma_s = \sigma_0 + \Delta\sigma_M + \Delta\sigma_K + \Delta\sigma_V + \Delta\sigma_{Tw} + \left(\sum_{i=1}^{n}\delta\sigma^2_{THi}\right)^{\frac{1}{2}} + \frac{0 \le k \le k_{max}}{D^{\frac{1}{2}}}$$

Hierbei wird noch zwischen weichen Ausscheidungsteilchen (Index w) und harten Ausscheidungsteilchen (Index H) unterschieden.

Ein sehr schönes und anschauliches Beispiel für die heutigen Möglichkeiten der Festigkeitsoptimierung stellen die zur Gruppe der höchstfesten Stähle gehörenden martensitaushärtenden oder auch „Maraging-Stähle" dar. Wie aus **Tab. 3** zu ersehen ist, sind in einem solchen Maraging-Stahl alle Gefügeelemente, teilweise sogar mehrfach, miteinander kombiniert. Als Grundgitter dient Fe. Darin wird Ni oder auch Co und Cr gelöst, die durch Erniedrigung der Umwandlungstemperatur eine γ–α Umwandlung ermöglichen.

Durch diese martensitische Umwandlung entstehen Versetzungen in sehr gleichmäßiger Verteilung, sowie Phasengrenzen an verschieden orientierten Kristallen. Abhängig von der Umwandlungstemperatur entstehen im Innern der Martensitkristalle auch noch Zwillingskorngrenzen.

Tabelle 3

In Maraging-Stahl angewendete Härtungsmechanismen

Mechanismen	Wie angewendet
Grundelement	Eisen
Mischkristallhärtung	Gelöstes • Nickel • Kobalt • Chrom
Versetzungshärtung	Durch martensitische Umwandlung erzeugte Versetzungen
Korngrenzenhärtung	Austenitkorngrenzen Martensitkorngrenzen Zwillingskorngrenzen
Teilchenhärtung	An Versetzungen ausgeschiedene Ni_3Ti- und Ni_3Mo-Teilchen Im Gitter ausgeschiedene $(FeNi)_3Al$-Teilchen

Der Legierung können neben den erwähnten Atomarten noch Al, Ti, Mo oder Nb zugemischt werden, die bei einer Anlassbehandlung intermetallische Verbindungen mit Fe und Ni bilden. Dabei entstehen im Allgemeinen zwei Arten von Teilchen: Die an Versetzungen ausgeschiedene Ni_3Ti- oder Ni_3Mo-Phase und eine im Grundgitter ausgeschiedene, meist metastabile $(FeNi)_3Al$-Phase.

Eine schematische Darstellung des Gefüges eines Maraging-Stahles zeigt **Bild 8**. Die Analyse der Beiträge der verschiedenen Härtungsmechanismen bezüglich der Streckgrenze ist in **Bild 9** dargestellt. Dabei können drei Bereiche unterschieden werden: Eine Festigkeitssteigerung durch Mischkristallhärtung im ersten Bereich. Im zweiten Bereich wird die Streckgrenze durch Versetzungen und durch Korngrenzen durch martensitische Umwandlung angehoben. Der letzte Bereich zeigt die höchste Festigkeitssteigerung, verursacht durch inkohärente und kohärente Teilchen.

Bild 8

Schematische Darstellung des Gefüges von Maraging-Stahl

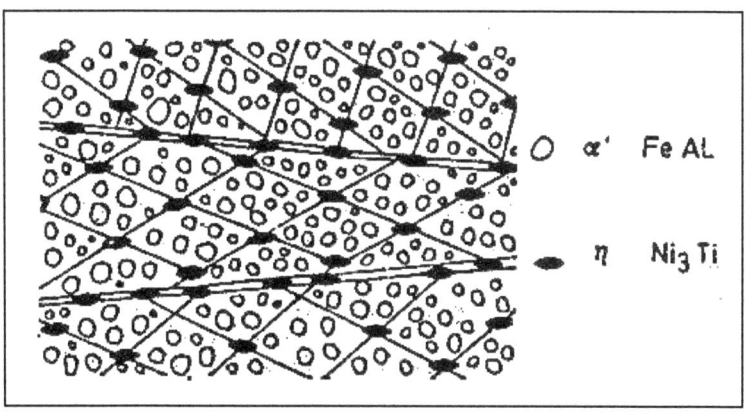

Bild 9

Beiträge der Härtungsmechanismen bezüglich der Streckgrenze

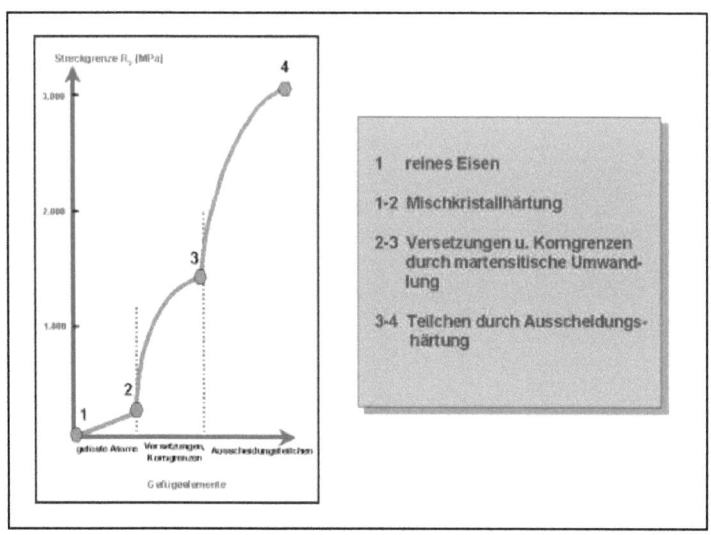

Dieses Beispiel zeigt recht eindrucksvoll, dass durch eine sinnvolle Kombination der Härtungsmechanismen eine enorme Aktivierung der werkstoffkundlichen Potenziale und damit eine hervorragende Optimierung der Eigenschaften einer Legierung erreicht werden kann.

Abschließend soll darauf hingewiesen werden, dass die hier vorgestellte Beeinflussung der Festigkeiten durch die Härtungsmechanismen vorwiegend für metallische Stoffe benutzt wird. Bei Polymerwerkstoffen versucht man deren hohe Duktilität mit der hohen Festigkeit von metallischen oder organischen Faserwerkstoffen zu kombinieren. In diesem Fall wird dann i.d.R. ein grobzweiphasiges Gefüge mit einer deutlichen Gefügeanisotropie angestrebt, (siehe auch Tabelle 1). Dabei können die Fasern einen etwa 100-fach größeren Wert des E-Moduls als metallische Werkstoffe aufweisen, was natürlich eine extrem hohe Gesamtfestigkeit des Verbundes mit sich bringt. Einen solchen Verbundwerkstoff zeigt **Bild 10** in einer lichtmikroskopischen Aufnahme.

Bild 10

Fasverbundwerkstoff in lichtmikroskopischer Aufnahme